Meine kleine

BAUMKUNDE

◆

EIN BUCH ZUM ENTDECKEN,
BESTIMMEN UND BEWAHREN

Eden
BOOKS

Vorwort

In antiken Hochkulturen waren alte Bäume heilig, von Sagen umwoben und es hieß, dass sie als Verstecke für Hexen, Elfen und die Seelen von Toten dienten. Der Baum galt als die Verbindung zwischen unter- und oberirdischer Welt. Und auch heute noch sprechen Bäume unsere Phantasie an.

Neuere Untersuchungen haben gezeigt, dass Wälder mehr sind als nur eine Ansammlung von Bäumen. Der Wald ist ein großer Organismus, in dem die Baumarten miteinander kommunizieren und sich umeinander kümmern. So viel wissen wir bereits. Doch die Zahl der Geheimnisse, die der Wald in sich trägt, ist noch viel größer.

»Meine kleine Baumkunde« soll dir die Welt der Bäume näherbringen und dich ermutigen, sie einmal genauer zu betrachten.

Gerard Janssen

Fundort

....

....

Datum

....

Besonderheiten

....

....

....

....

....

....

....

BEOBACHTEN · ZEICHNEN · BESCHRIFTEN

DIE GEHEIMNISSE DES WALDES

Wissenschaftler*innen haben herausgefunden, dass Pilze für Bäume nicht ausschließlich schädlich sind, sondern ihnen auch helfen können. Schimmelpilze ernähren sich vom Zucker in den Wurzeln und geben ihnen dafür Nährstoffe wie Phosphor und Stickstoff zurück. Auf diese Weise entsteht im Boden ein Netzwerk aus Pilzen und Wurzeln, das auch als Wood Wide Web bezeichnet wird und dafür sorgt, dass sich die Nährstoffe im Wald ausbreiten. Ein alter sterbender Baum kann dieses Netzwerk zum Beispiel nutzen, um seine Nährstoffe an andere Bäume zurückzugeben. Ein junger Baum im Schatten kann durch dieses Netzwerk zusätzliche Unterstützung erhalten und das fehlende Sonnenlicht kompensieren. Und ein von Blattläusen befallener Baum kann ein Warnsignal aussenden, damit die anderen Bäume eine Abwehrreaktion gegen die Blattläuse auslösen, indem sie mehr giftige Säfte in den Blättern produzieren.

Ein alter und wilder Wald ist mehr als eine Sammlung von Bäumen. Er ist ein Organismus, der ein Gedächtnis hat.
Die Menschen scheinen das schon immer gewusst zu haben. Für jene, die in Wäldern leben, ist der Wald wie eine Familie. Er gibt ihnen die Nährstoffe, die sie zum Leben brauchen. Aber der Wald kann auch einschlafen und wütend werden, denn er hat eine Seele. Was das genau bedeutet, wird wahrscheinlich für immer ein Geheimnis bleiben.

SUCHKARTE LAUBBÄUME

Halte das gefundene Blatt neben diese Karte. Findest du heraus, von welchem Baum es stammt? Wenn du eine Nadel gefunden hast, dann schau auf Seite 90 nach.

STIELEICHE
SEITE 12

TRAUBENEICHE
SEITE 14

SCHWARZERLE
SEITE 29

SALWEIDE
SEITE 30

MORGENLÄNDISCHE PLATANE
SEITE 78

AHORNBLÄTTRIGE PLATANE
SEITE 78

BERGAHORN
SEITE 44

ROTBUCHE
SEITE 22

HAINBUCHE
SEITE 24

WEISSBIRKE
SEITE 32

SPITZAHORN
SEITE 42

ESPE
SEITE 64

EBERESCHE
SEITE 49

EDELKASTANIE
SEITE 52

WILDBIRNE
SEITE 71

SOMMERLINDE
SEITE 59

ESCHE
SEITE 61

ROSSKASTANIE
SEITE 52

ROTEICHE
SEITE 18

WILDAPFEL
SEITE 68

ULME
SEITE 36

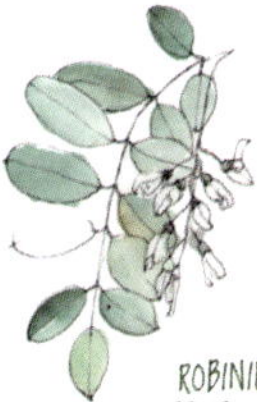

ROBINIE
SEITE 76

HASEL
SEITE 80

VOGELKIRSCHE
SEITE 86

STIELEICHE

Die Eiche ist die Königin des Pflanzenreichs und wird auf der ganzen Welt bis heute verehrt. Eine Eiche ist ein mächtiger Baum mit knorrigen Zweigen, der bis zu 30 Meter hoch und zweitausend Jahre alt werden kann. Das harte und robuste Holz der Eiche wurde in der Vergangenheit oft für den Schiffsbau verwendet. In der Antike waren Eicheln außerdem in vielen Teilen der Welt eine wichtige Nahrungsquelle.

In vielen früheren Kulturen hatte die Eiche eine starke Symbolkraft. Für die alten Griechen befand sich besonders in großen Eichen eine mythische Welt, bewohnt von Baumnymphen und unsterblichen Seelen in Form von Bienen. Priesterinnen sagten dort anhand des Raschelns der Blätter die Zukunft voraus. Auch für die Druiden waren die heiligen Eichen das Tor zu einer anderen Welt und einer höheren Form des Bewusstseins. Die Germanen wiederum verbanden die Eiche mit dem Donnergott Thor – denn sie beobachteten, dass Blitze besonders häufig in Eichen einschlugen. Das wiederum liegt wahrscheinlich daran, dass Eichen viel Feuchtigkeit enthalten, wodurch sie den Strom besser leiten als die meisten anderen Bäume. So kam es wohl auch zu dem altbekannten Rat aus dem Volksmund: »Buchen sollst du suchen, Eichen sollst du weichen.« Besser sollte man sich allerdings merken, alle Baumarten bei einem Gewitter zu meiden.

LEICHT ZU VERWECHSELN: STIELEICHE UND TRAUBENEICHE

Die Stieleiche und die Traubeneiche sehen sich sehr ähnlich. So kannst du sie unterscheiden:

1. Die Traubeneiche behält ihre (braunen) Blätter im Winter, die Stieleiche dagegen ist kahl.
2. Der Blattstiel der Traubeneiche ist 10 bis 20 Millimeter länger als jener der Stieleiche.
3. Die Eicheln der Stieleiche sind an einem - wie der Name bereits vermuten lässt - Stiel befestigt, die der Traubeneiche befinden sich direkt am Ast.

Wenn du ab jetzt durch den Wald gehst, kannst du bestimmen, ob es sich um eine Stieleiche oder eine Traubeneiche handelt.

EICHEL DER STIELEICHE.

DIE EICHEL DER TRAUBENEICHE IST KÜRZER, DICKER UND HAT KEINEN STIEL.

TRAUBENEICHE.

DIE STIELEICHE VERLIERT IM WINTER IHRE BLÄTTER.

BLATT DER STIELEICHE.

BLATT DER TRAUBENEICHE.

SCHAUEN · DENKEN · SCHREIBEN

ROTEICHE

Die Roteiche stammt ursprünglich aus dem Osten der USA und wird in Mitteleuropa seit Anfang des 18. Jahrhunderts angebaut. Besonders große Roteichen waren für die Ureinwohner Nordamerikas heilig und das Zentrum spiritueller Versammlungen und Feiern. Die Eicheln verwendeten sie zur Herstellung von Mehl und die Rinde für Suppen und Salben.

DIE BLÄTTER DER ROTEICHE LAUFEN AN DEN ENDEN SPITZ ZU.

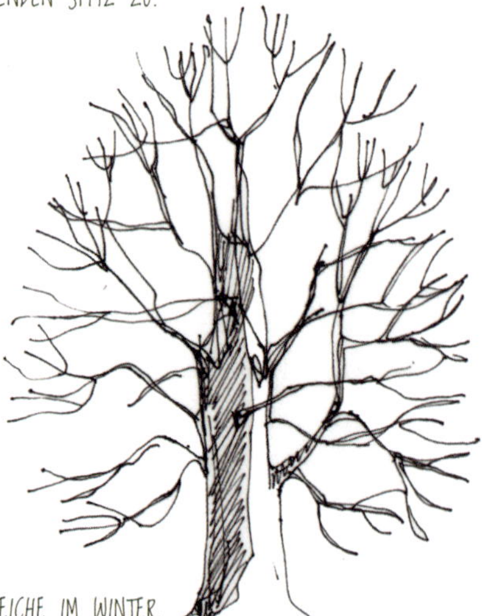

DIE ROTEICHE IM WINTER.

Fundort

....

....

Datum ....

Besonderheiten ....

....

Wird ein Baum abgesägt, kannst du seine Jahresringe im Inneren erkennen. Sie erzählen die Lebensgeschichte des Baumes – die schlechten und die guten Jahre, die kalten Winter, die trockenen Sommer, sie zeugen von Schädlingsbefall und Waldbränden.

ROTBUCHE

Die Rotbuche ist in unseren Wäldern sehr verbreitet, man findet sie aber auch entlang von Straßen und in Parks. Eine Buche erkennt man an ihrem glatten Stamm, der grau oder grau-grün ist und an ihren ovalen Blättern. Frühestens nach 35 Jahren blüht eine Buche zum ersten Mal, aber es kann auch bis zu achtzig Jahre dauern. Die Buche hat männliche und weibliche Blüten. Nachdem die Blüten bestäubt wurden, bildet der Baum stachelige Früchte aus. Im Herbst öffnen sich diese, und die Bucheckern springen heraus - zur Freude von Eichhörnchen, Wildschweinen und Feldmäusen. Die großen Mengen an Bucheckern, die eine Buche abwerfen kann, haben ihr den Ruf als Fruchtbarkeitsbaum eingebracht.

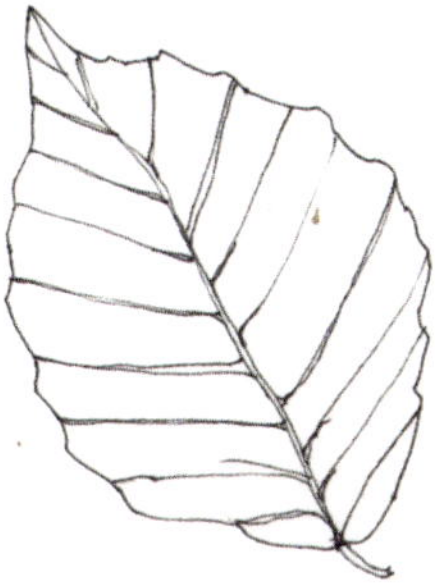

EINE BUCHE HAT OVALE, EIFÖRMIGE BLÄTTER.

IM HERBST FÄRBEN SICH DIE BLÄTTER BRAUNROT.

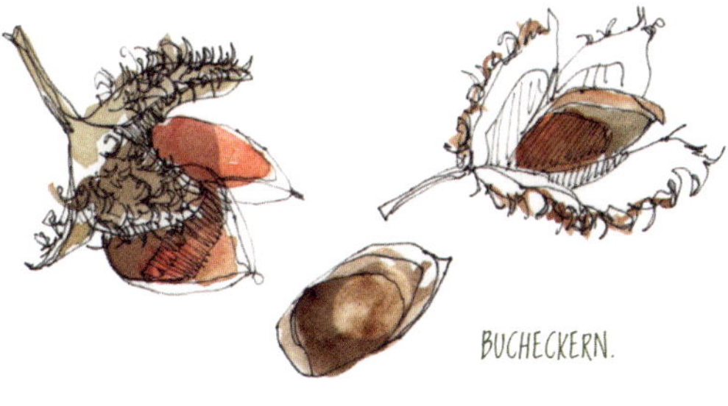

BUCHECKERN.

HAINBUCHE

Der Stamm der Hainbuche ist knorrig,
die Rinde silbergrau mit tiefen Rillen
und ihr Blatt von tiefen Adern geprägt.
In der Vergangenheit wurden Fackeln
vornehmlich aus den Zweigen der
Hainbuche und des Haselstrauchs gefertigt.

EINE HAINBUCHE HAT RAUE BLÄTTER MIT MARKANTEN, TIEFEN ADERN. SIE SIND WEICHER ALS DIE DER ROTBUCHE.

DAS BLATT DER ROTBUCHE IST HART UND GLÄNZEND.

SCHAUEN · DENKEN · SCHREIBEN

SCHWARZERLE

Die Schwarzerle ist an ihren runden, gezahnten Blättern zu erkennen. Die jungen Zweige dieses Baumes kleben ein wenig, genau wie die Knospen. Wenn die Pollen der männlichen Blüten die weiblichen befruchtet haben, bilden sich sogenannte Erlenzapfen – kleine grüne Fruchtkugeln. Sie bleiben sehr lange am Baum, sodass du neben den noch unreifen, grünen auch ältere dunkelbraune Kügelchen finden kannst.

SALWEIDE

Die Salweide findest du entlang von Straßen, Waldrändern, Brachflächen und sogar auf Schutthalden. Besonders gut erkennt man sie, wenn der Wind durch ihre Blätter fegt, und die silberne Blattunterseite sichtbar wird. Die Rinde der Sal-Weide ist graubraun und hat flache Rillen. Mit zunehmendem Alter wird ihre Rinde dunkler und bekommt rote Risse.

Die Weide galt früher als Symbol der Keuschheit und ihr wurden heilende Kräfte nachgesagt. So glaubte man, dass Fieber und Schmerz auf die Weiden übertragen werden könne. Das kommt nicht von ungefähr: Die Weidenrinde enthält tatsächlich Salicin, woraus Aspirin hergestellt wird.

IM FRÜHJAHR BILDET DIE WEIDE KLEINE, WEICHE KÄTZCHEN, DIE DIE ZARTEN BLÜTENKNOSPEN DARUNTER SCHÜTZEN.

WEIßBIRKE

Die Weißbirke ist der einzige Baum – man ahnt es schon – mit einer weißen Rinde, unter der sich die tiefen dunklen Rillen des Stammes verbergen. Ihre jungen Zweige und Blätter sind weich behaart. Einige Weißbirken beherbergen sogenannte »Hexenbesen«. Sie sehen aus wie Vogelnester, sind aber kugelige und buschige Verwachsungen in der Baumkrone. In Russland ist die Birke ein heiliger Baum. Schon die Bewohner der sibirischen Birkenwälder glaubten fest daran, dass die Geister der Verstorbenen in den Baumkronen wohnen.

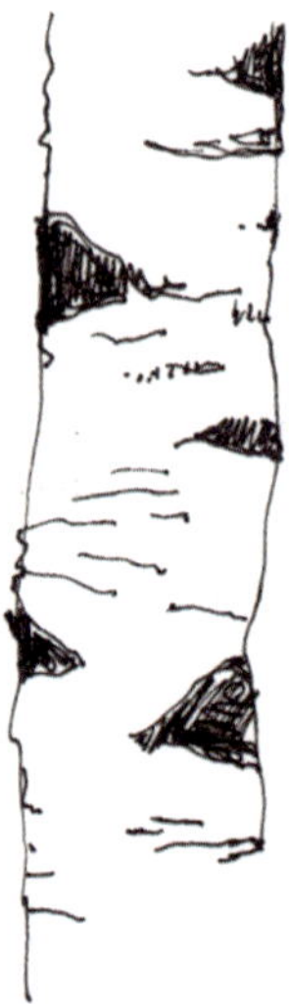

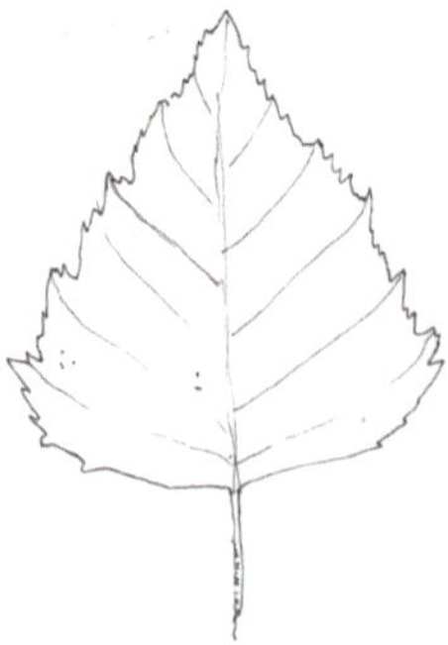

DIE BLÄTTER DER WEISSBIRKE SIND SPITZ UND GEZACKT.

ULME

Die Blätter der Ulme sehen jenen der Birke ähnlich, laufen jedoch zum Ast hin spitzer zusammen. Außerdem kann man die beiden Bäume anhand ihrer Stämme unterscheiden:
Die Birke hat eine weiße Rinde, die Ulme eine dunkle mit Rillen. Ulmen können bis zu 30 Meter hoch und vierhundert bis fünfhundert Jahre alt werden. Im Juli lässt der Baum seine Früchte fallen, die wie dünnes Transparentpapier aussehen und im Inneren einen kleinen rötlichen Samen tragen.
In der Antike galt die Ulme als Baum der Träume, in denen sich auch Feen versteckten. Glaubt man der Mythologie, verwandelten sich die Tränen des trauernden Orpheus in einen Ulmenwald.

DIE SAMEN DER ULME BEFINDEN SICH IN TRANSPARENTEN MEMBRANEN.

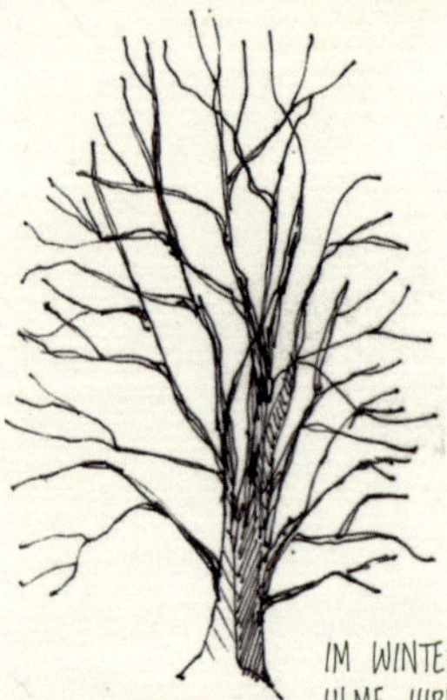

IM WINTER WIRFT DIE ULME IHRE BLÄTTER AB.

Fundort

Datum

Besonderheiten

SPITZAHORN

Das Blatt des Ahorns ist geradzu berühmt, du hast es sicherlich schon einmal auf der kanadischen Flagge gesehen. Seine Form erinnert an die einer Hand mit sehr spitzen Fingern. Im Herbst färben sich die Ahornblätter rot und orange. Früher glaubten die Menschen, dass der Ahorn magische Kräfte habe. Nägel aus Ahornholz wurden in die Tür gesteckt, um Hexen abzuhalten.

DIE FRÜCHTE SEHEN AUS WIE PROPELLER, WENN SIE NACH UNTEN WIRBELN.

DIE ZWEIGE DES SPITZAHORNS ENTHALTEN LATEX.

SEINE BLÜTEN BILDEN EINEN SCHÖNEN FÄCHER.

DIE FRÜCHTE FALLEN IM FRÜHJAHR AB UND WIRBELN ZU BODEN.

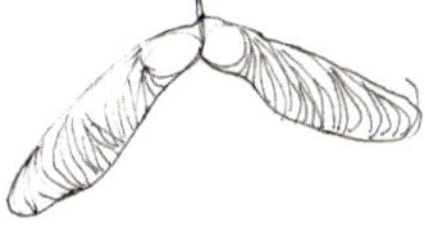

BERGAHORN

Der Unterschied zwischen einem Berg- und einem Spitzahorn ist an den Blättern deutlich zu erkennen. Der Bergahorn hat schuppige Kanten und weiße Haare entlang der Blatthauptadern. Wenn du einen Blattstiel des Spitzahorns abbrichst, wirst du sehen, dass Milchsaft aus ihm tropft, ganz im Gegensatz zum Blatt des Bergahorns.

DIE BLÄTTER DES BERGAHORNS HABEN SCHUPPIGE RÄNDER UND WEISSE HAARE ENTLANG DER ADERN.

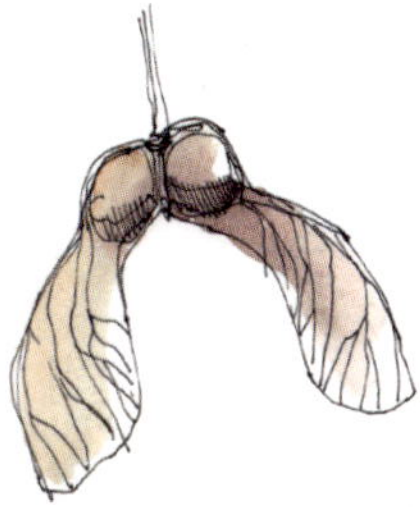

Fundort

....

....

Datum
....

Besonderheiten
....

....

EBERESCHE ODER VOGELBEERE

Der Name ist Programm: Vor allem Drosseln lieben die Beeren der Eberesche bzw. Vogelbeere. Im August und September werden die Früchte reif und färben sich orange-rot. Die Vögel fressen die Beeren und scheiden die sehr leicht keimenden Samen des Baumes wieder aus. So verbreitet sich die Vogelbeere schnell und an vielen unterschiedlichen Orten. Früher dachten die Menschen, man sei vor Krankheiten geschützt, wenn man Vogelbeerenzweige bei sich trägt.

DIE BLÜTEN SIND ZWEIGESCHLECHTLICH, BESITZEN ALSO SOWOHL STAUBBLÄTTER ALS AUCH STEMPEL.

DAS VOGELBEEREN-BLATT BESTEHT AUS ETWA 15 KLEINEREN BLÄTTERN.

SUCHEN · FINDEN · BESCHREIBEN

Fundort

Datum

Besonderheiten

KASTANIE

Die zwei bekanntesten Kastanienarten sind die Ross- und die Edelkastanie. Sie tragen zwar ähnliche Namen, doch sind sie nicht miteinander verwandt. Den Unterschied kann man sowohl anhand der Blätter - das Edelkastanienblatt ist länglich, das der Rosskastanie besteht aus fünf Einzelblättern pro Stiel - als auch an den Früchten erkennen. Während die Früchte der Rosskastanie ungenießbar sind, werden jene der Edelkastanie - besser bekannt als Maronen - besonders gern in der Vorweihnachtszeit vernascht.

Kastanien werden seit jeher vom Menschen zum Schutz vor Krankheit oder Unglück gesammelt und getragen.

ÜBERSÄT MIT WEISSEN BLÜTEN STRAHLT DIE ROSSKASTANIE GANZ BESONDERS IM MAI. DIE EDELKASTANIE BLÜHT VON MAI BIS JUNI, ZUERST MIT LANGEN, AUFRECHTEN TRIEBEN, DIE SPÄTER DANN HERUNTERHÄNGEN.

ROSS- UND EDELKASTANIE

Du kannst die beiden Kastanienarten an ihren Schalen unterscheiden. Die Schale der ungenießbaren Rosskastanie hat weniger und kürzere Stacheln als die der Edelkastanie. Außerdem befindet sich in ihr jeweils nur eine Frucht, während die Edelkastanie bis zu drei Maronen in einer Hülle trägt.

BLATT EINER ROSSKASTANIE.

DIE FRÜCHTE DER ROSSKASTANIE SIND SEHR BITTER UND DAHER NICHT ESSBAR.

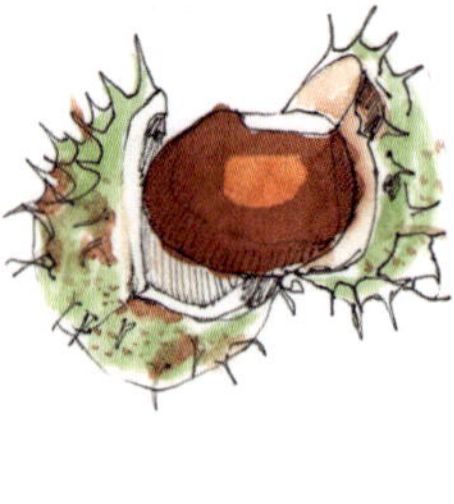

BLATT EINER EDELKASTANIE.

ROSSKASTANIE.

EDELKASTANIE.

SCHAUEN · DENKEN · SCHREIBEN

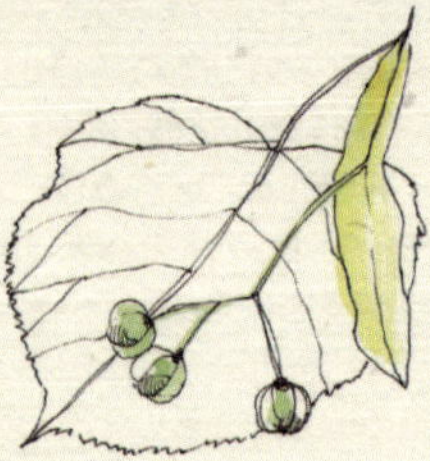

SOMMERLINDE

Früher wurden Linden zu besonderen Anlässen gepflanzt, um beispielsweise den Mittelpunkt eines neuen Dorfes zu markieren - so gibt es noch heute einige Dorflinden, aber auch so genannte Tanzlinden oder Gerichtslinden. Die Linde vermehrt sich aber natürlich auch ganz von allein in der Natur und kann bis zu achthundert Jahre alt werden. Das Holz der Linde wird häufig zum Schnitzen verwendet, weil es leicht zu bearbeiten ist. Etwas später als die meisten Bäume blüht die Linde erst ab Juni und trägt dann wunderbar duftende, weiße Blüten. Bei der Bestäubung helfen Insekten. Du kannst die Sommerlinde sehr gut von der Winterlinde unterscheiden, wenn du ihre Blätter betrachtest: Sommerlindenblätter sind behaart, die der Winterlinde eher lederig-glatt.

Fundort

Datum

Besonderheiten

GEMEINE ESCHE

Man erkennt die Esche an ihren Früchten, die grün bis dunkelbraun gefärbt sind und zwei platte Flügel besitzen. Bis zu dreihundert Jahre alt, 40 Meter hoch und 7 Meter dick kann dieser Baum werden. Die Blütezeit der Esche ist im April, dann präsentiert sie ihre rötlichen Blüten. Da die Esche relativ wenig Schatten spendet, wachsen unter ihr viele weitere Pflanzen. Für die Germanen war die Esche ein heiliger Baum. Der Sage nach erschuf Odin die Menschen, indem er den Mann aus einer Esche und die Frau aus einer Erle formte.

DIE BLÄTTER DER ESCHE KOMMEN ERST SEHR SPÄT IM JAHR ZUM VORSCHEIN UND FALLEN BEIM ERSTEN NACHTFROST ZU BODEN.

SCHAUEN · DENKEN · SCHREIBEN

ESPE ODER ZITTERPAPPEL

Der Blattstiel der Espe ist nicht – wie bei den meisten Bäumen – rund, sondern flach. Deshalb steht dieser Baum nie still und wird auch Zitterpappel genannt. Beim geringsten Windhauch beginnt das Blätterwerk zu rascheln. Espen wachsen häufig auf Waldlichtungen. Ihr Holz wird oft für die Herstellung von Streichhölzern verwendet, weil es wenig wiegt und leicht zu spalten ist. In der griechischen Mythologie ist die Espe sehr verbreitet und gilt dort als Baum der Unterwelt. Herakles trug einen Kranz aus Espenzweigen als Zeichen für seinen Mut.

DAS BLATT EINER ESPE.

DIE ESPE IST ZWEIHÄUSIG, TRÄGT ALSO WEIBLICHE UND MÄNNLICHE BLÜTEN AUF GETRENNTEN BÄUMEN. DIE BLÜTEN BEFINDEN SICH IN 5 BIS 10 ZENTIMETER LANGEN, HÄNGENDEN GRAUZOTTIGEN KÄTZCHEN, DEREN SAMEN DER WIND ZWISCHEN MÄRZ UND MAI HINÜBER AN NEUE ORTE TRÄGT.

Fundort

Datum

Besonderheiten

BEOBACHTEN · ZEICHNEN · BESCHRIFTEN

WILDAPFEL ODER HOLZAPFEL

Der wilde Apfelbaum stammt aus der Familie der Rosen. Seine 3 bis 4 Zentimeter großen Äpfel sind seit der Antike ein Symbol für Fruchtbarkeit und Liebe. Du kannst sie essen, aber sie schmecken anders als die Äpfel, die wir im Supermarkt kaufen können. Diese wachsen nämlich am Malus Domesticus, dem Kulturapfelbaum, der von Apfelbäumen aus China und Kasachstan abstammt. Er wurde 2013 zum Baum des Jahres gekürt.

IM MAI SPRIESSEN DIE BLÜTEN UND BLÄTTER DES APFELBAUMS.

Fundort

Datum

Besonderheiten

WILDBIRNE ODER HOLZBIRNE

Auch der wilde Birnbaum stammt aus der Familie der Rosen. Im Gegensatz zum domestizierten Birnbaum trägt die Holzbirne Stacheln und ist heutzutage nur noch sehr selten zu finden. Im Mittelalter dachten die Menschen, der Baum hätte Magie und seine am Ostersamstag abgeschnittenen Zweige würden Hexen vertreiben. Die Umarmung eines Birnbaums lässt dem Mythos nach Schmerzen verschwinden, und das Rückwärtsgehen unter ihm hilft gegen Fieber.

SCHAUEN · DENKEN · BESCHREIBEN

ROBINIE

Die Robinie gehört zu den Schmetterlingsblütlern und stammt ursprünglich aus Nordamerika, wird in Europa aber seit über dreihundert Jahren in Parks und Gärten gepflanzt. Ihren Namen hat die Robinie von Jean Robin, dem Hofgärtner vieler französischer Könige des 18. Jahrhunderts. Die Robinie wurde zum Baum des Jahres 2020 gekürt.

DIE ZAHLREICHEN BLÄTTER DER ROBINIE SIND OVAL MIT GLATTEN KANTEN.

IM SOMMER IST DER BAUM ÜBERSÄT VON SÜSS DUFTENDEN BLÜTEN.

SUCHEN · FINDEN · BESCHREIBEN

Fundort

....

....

Datum ....

Besonderheiten ....

....

MORGENLÄNDISCHE PLATANE

Die wohl berühmteste Morgenländische Platane steht auf der griechischen Insel Kos. Unter ihr soll der Gründer der modernen Medizin, Hippokrates, seine Schüler unterrichtet haben. Du kannst Platanen häufig an Straßenrändern entdecken. Sie sind an ihrer abblätternden Rinde und ihren spitzen Blättern zu erkennen. Die Blätter der Morgenländischen Platane sind tiefer eingeschnitten als jene der Ahornblättrigen Platane und somit gut von dieser Art zu unterscheiden.

BLATT EINER
MORGENLÄNDISCHEN
PLATANE.

BLATT EINER
AHORNBLÄTTRIGEN
PLATANE.

DIE SICH
ABSCHÄLENDE RINDE
ÄHNELT EINER
TARNBEKLEIDUNG.

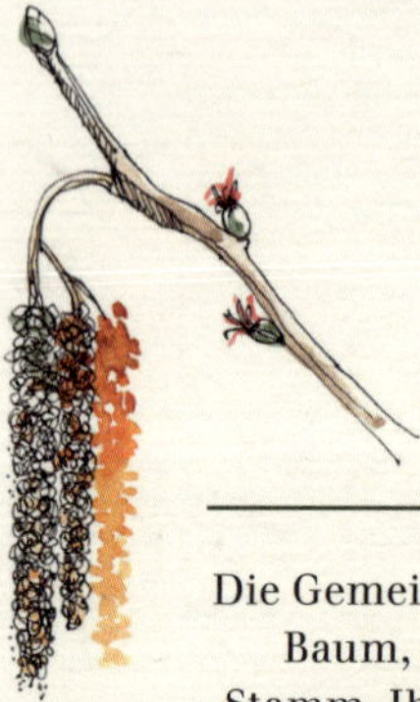

GEMEINE HASEL

Die Gemeine Hasel ist mehr ein Strauch als ein Baum, denn sie hat nicht wirklich einen Stamm. Ihre jungen Zweige sind sehr behaart und dem Holz der Hasel werden seit jeher magische Kräfte zugeschrieben. Mit einer Wünschelrute aus Haselholz fanden die Glücksucher Wasser, Schätze und verborgene Wege. Auch Zauberstäbe wurden in vergangenen Zeiten aus den Ästen einer einjährigen Hasel gefertigt.

Fundort

Datum

Besonderheiten

Fundort

....

....

Datum

....

Besonderheiten

....

....

....

....

....

....

....

VOGELKIRSCHE

Die Vogelkirsche stammt aus der Familie der Rosengewächse und zeichnet sich durch ihre steifen, nach außen gerichteten Zweige aus. Ihre kleinen Früchte sind zunächst rot, später schwarz und tragen einen runden Stein.
Für die slawischen und germanischen Völker war die Vogelkirsche ein Baum, in dem Dämonen lebten. Während der Walpurgisnacht wurden deshalb Äste der Vogelkirsche in Misthaufen gepflanzt, um Hexen abzuwehren.
Im Mai blüht die Vogelkirsche und ist dann mit duftenden Blüten bedeckt. Nicht zuletzt deshalb ist sie ein beliebter Baum in Parks und Gärten.
Sie kann bis zu 10 Meter hoch werden, bleibt aber oft kleiner und ähnelt eher einem Strauch.
In manchen Wäldern wird der schnelle Wuchs der Vogelkirsche zur regelrechten Plage.

DER NAME SAGT BEREITS ALLES: VÖGEL LIEBEN SIE – VOR ALLEM DER STAR IST EIN GROSSER FAN DER VOGELKIRSCHEN!

SCHAUEN · DENKEN · BESCHREIBEN

SUCHKARTE NADELBÄUME

Halte den Zweig neben diese Karte und finde heraus, von welchem Baum er stammt.

FICHTE
SEITE 92

EIBE
SEITE 96

KIEFER
SEITE 100

WACHOLDER
SEITE 102

EUROPÄISCHE LÄRCHE
SEITE 107

WEISSTANNE
SEITE 108

GEMEINE FICHTE

Fichten zählen hierzulande zu den am häufigsten gekauften Weihnachtsbäumen. Da die Fichte in der Natur ausschließlich in den Bergen wächst, muss sie zusätzlich angepflanzt werden, um den Bedarf für die Weihnachstzeit zu decken.
Diese Baumart kann bis zu 60 Meter hoch und bis zu dreihundertfünfzig Jahre alt werden. Der Stamm der Fichte wächst aufrecht und wird daher oft für den Bau von Schiffs- und Fahnenmasten verwendet. Die Fichte wurde 2017 zum Baum des Jahres gewählt.

DIE NADELN DER FICHTE ERKENNST DU DARAN, DASS SIE RUND UM DEN AST HERUM LIEGEN UND AN JEWEILS EINEM PUNKT MIT IHM VERBUNDEN SIND. DORT BLEIBEN SIE SECHS BIS SIEBEN JAHRE LANG. AUFGRUND IHRER RUNDEN FORM KANNST DU SIE ZWISCHEN DEINEN FINGERN HIN- UND HERROLLEN. GANZ IM GEGENSATZ ZU DEN NADELN EINER TANNE, DIE EHER FLACH SIND. AUCH DIE NADELN DER KIEFER UNTERSCHEIDEN SICH DEUTLICH VON JENEN DER FICHTE: SIE SIND KÜRZER UND MEHRERE EINZELNE NADELN TEILEN SICH EINEN BEFESTIGUNGSPUNKT AM AST.

DIE ZAPFEN DER FICHTE SIND BEREITS IM ERSTEN LEBENSJAHR DES BAUMES REIF UND LASSEN IHRE SAMEN ZUM ENDE DES WINTERS UND IM FRÜHJAHR FALLEN.

Während der Sonnenwendfeiern,
also am kürzesten Tag des Jahres,
verbrannten germanische
Stammesangehörige grüne
Fichtenzweige und -bäume,
um böse Geister abzuwehren.

SCHAUEN · DENKEN · BESCHREIBEN

EIBE

Eine Eibe kann bis zu 25 Meter hoch werden und hat einen rotbraunen Stamm. Ihre Nadeln sind flach und im Herbst trägt sie rote Früchte. Für die alten Griechen war die Eibe der Baum der Trauer, weshalb du ihn heute immer noch auf Friedhöfen findest. Auch Shakespeare setzt die Eibe als Todesbaum in seinen Stücken ein und selbst die Gallier nannten ihn bereits so. In Spanien gilt die Eibe als Blitzableiter. Keltische Krieger wiederum schmierten ihre Pfeile mit dem Gift der Eibe, aus ihrem Holz fertigten sie Bögen und Abwehrschilde. Alles in allem also ein eher Unglück bringender Baum.

SUCHEN · FINDEN · BESCHREIBEN

Fundort

....

....

Datum

....

Besonderheiten

....

....

Fundort

....

....

Datum

....

Besonderheiten

....

....

....

....

....

....

....

KIEFER

Wahrscheinlich sitzt du mehrmals täglich auf diesem Baum. Das Holz der Kiefer ist nämlich außerordentlich stabil, leicht zu verarbeiten und verändert sich durch äußere Einflüsse wenig, weshalb viele unserer Möbelstücke aus Kiefernholz bestehen. Die Kiefer hat eine dicke, rissige, graubraune Rinde, nach oben hin wird sie dünn und rötlichbraun. Dieser Nadelbaum kann bis zu fünfhundert Jahre alt werden.

KIEFERNZAPFEN WERDEN NACH DREI JAHREN BRAUN UND PLATZEN DANN AUF, UM DIE SAMEN HERAUSZULASSEN.

DIE NADELN SITZEN DICHT NEBENEINANDER AUF DEN ÄSTEN UND FALLEN NACH ETWA DREI JAHREN AB.

GEMEINER WACHOLDER

Der Gemeine Wacholder wächst besonders gut an sonnigen Stellen auf Sandbänken und in Heidegebieten. Früher galt der Wacholder als heilig, so zum Besipiel bei den Germanen. Auch im Mittelalter kam ihm eine bedeutende Rolle zu: Während der Pestepidemien wurde der Rauch von brennenden Wacholderzweigen zur Reinigung der Häuser verwendet.

DIE WACHOLDERNADELN SITZEN ALS DREIERGRUPPEN IN EINEM KRANZ UM DEN AST HERUM. DIE NADELN SIND SEHR SCHARF UND FALLEN ERST NACH ETWA FÜNF JAHREN AB.

WACHOLDERBEEREN

Ein Wacholder, der blaue Beeren trägt, ist mindestens zwei Jahre alt. Vögel lieben die Früchte, und auch zum Kochen und Backen kannst du sie verwenden. Früher wurde angenommen, dass Wacholderbeeren besondere Kräfte haben und Krankheiten heilen können.

SUCHEN · FINDEN · BESCHREIBEN

Fundort

....

....

Datum ....

Besonderheiten

....

....

SCHAUEN · DENKEN · SCHREIBEN

EUROPÄISCHE LÄRCHE

Die Lärche ist recht gut an ihren Nadeln zu erkennen: Im Herbst wechseln sie ihre Farbe und fallen kurz danach ab. Die Lärche ist einer der wenigen Nadelbäume, der im Winter genauso kahl ist wie die Laubbäume. Das Holz der Lärche ist beliebt, weshalb sie hierzulande häufig angepflanzt wird. Die Europäische Lärche ist Baum des Jahres 2012.

DIE NADELN DER LÄRCHE SIND IN BÜNDELN ZUSAMMENGEFASST, ETWA DREISSIG BIS VIERZIG VON IHNEN BILDEN EINE ART KUGEL. SIE SIND WEICH UND STECHEN NICHT.

IM SOMMER BILDET DIE LÄRCHE ZAPFEN AUS, DIE ZUNÄCHST ROT ODER VIOLETT SIND. DIE LÄRCHENZAPFEN SIND EHER KLEIN - WENIGER ALS 5 ZENTIMETER LANG - UND WERDEN MIT DER ZEIT GRAU.

WEIẞTANNE

Die Weißtanne mit ihren sehr flachen Nadeln stammt aus den europäischen Berggebieten und kann bis zu 40 Meter hoch werden. Aus dem Holz der Weißtanne bauten die Römer Fässer, in denen Wein gelagert wurde. 2004 wurde sie zum Baum des Jahres gewählt.

Fundort

....

....

Datum ....

Besonderheiten

....

....

REGISTER

REGISTER

Impressum

Meine kleine Baumkunde
Ein Buch zum Entdecken, Bestimmen und Bewahren

ISBN 978-3-95910-268-1

Eden Books
Ein Verlag der Edel Germany GmbH

Neumühlen 17, 22763 Hamburg
www.edenbooks.de
www.facebook.com/EdenBooksBerlin
www.edel.com
1. Auflage 2020

Titel der Originalausgabe: Pocket Bomenboek

Konzept: Uitgeverij Snor
Text: Gerard Janssen
Illustrationen: Maartje van den Noort
Design: En Publique
Redaktion der dt. Ausgabe: Julia Gommel-Baharov
Projektkoordination der dt. Ausgabe: Juliane Noßack

Printed in Turkey

EDEL
FAMILY MEMBER